KEYCOFFEE

Uber Eats
TAKE OUT CAKE
Plain
Banana
Strawberry
Orange
Kiwi fruit
Maron
Pumpkin
FOOD ¥320~
玄米トマトカレー
DRINK
CAKE
PIZZA
LIQUFURS

お食事メニュー

ALCOHOL
MENU

HONEY

HONEY

YUKA TO OSANPO

アトレ

JR 吉祥寺駅

TONY's PIZZA

トニーズピザ

吉祥寺お散歩MAP

KICHJOJI DE OISHI MONO TABEYO

吉祥寺駅周辺は、おしゃれなお店やおいしいお店がたくさんあって、木下ゆうかも大好きな街です！今回は、お散歩MAPでランチとスウィーツのお店を紹介しちゃいます！！

KICHJOJI DE OISHI MONO TABEYO

BAYFLOW cafe
ベイフローカフェ

YAMAMOTO no hamburg
山本のハンバーグ

東急百貨店

中道通り

ユニクロ

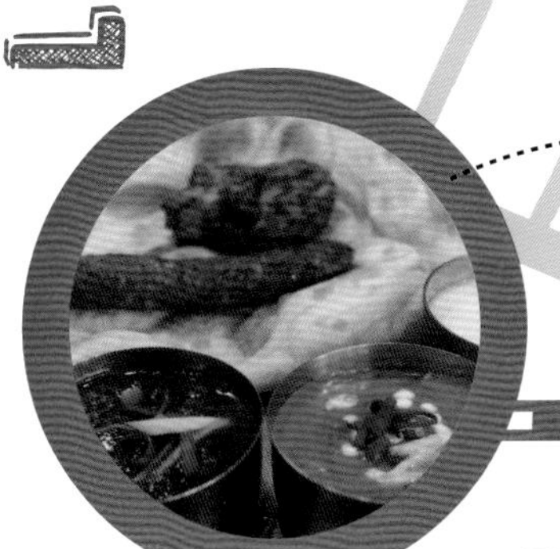

Namaste Kathmandu
ナマステ カトマンズ

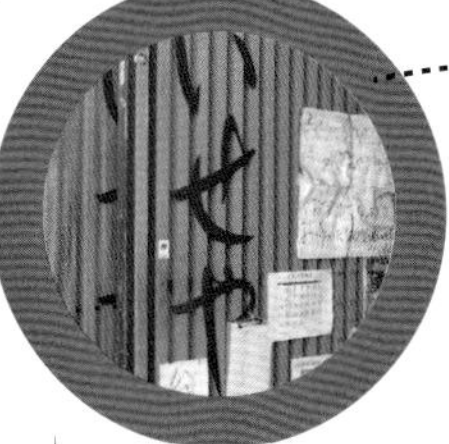

ISEYA
いせや

井の頭公園へ

PEPACAFE FOREST
ペパカフェ・フォレスト

井の頭公園

BOTTEGA
BOTTEGA

BOTTEGA
BOTTEGA GOLD

BOTTEGA
GOLD

BOTTEGA
BOTTEGA
BOTTEGA

BOTTEGA
BOTTEGA

BOTTEGA

福門吉祥千財旺
迎新春吉祥如意

福門吉祥千財旺
迎新春吉祥

門納千祥

福門吉祥千財旺
迎新春吉祥如意

意

福門吉祥千財

참
이슬

참
이슬

チーズとんかつ&チーズボール

SKINGARDEN
ポポ
ホットク

menu 魚のパエリア

真鯛（40cm 前後）
米　6号
玉ねぎ ×2
ムール貝 ×12個
パプリカ ×2個
ミニトマト ×8個

サフラン　少々
オリーブオイル
固形ブイヨン
塩
コショウ

■下処理
1. 魚のウロコ、エラ、内臓を取り、
切込みを入れて水けを拭いて
塩コショウで下味をつけておく
2. 米を研いで水けをきっておく
3. ムール貝を洗って水けを取る
4. サフランをぬるま湯につけておく
5. 薄めのブイヨンを溶かしておく
6. 野菜を切っておく
・玉ねぎ→みじん切り
・パプリカ→適当な大きさ
・ミニトマト→半分に切る

■調理
1. 魚を両面焼き色を付けるくらいに
焼いて出しておく
2. 玉ねぎを透き通るくらいに
なるまで炒める
3. 米を加えて塩コショウで
味付けをして炒める
4. サフランを加える
5. 具を加える
6. ブイヨンを注ぐ
（適量よりやや少なめが良い）
7. 弱火で 20 分ほど煮詰める
8. 火を止めて蒸らす
9. パセリをふって完成！

通常版
■材料
イサキ（25cm前後のもの）
米 2号
玉ねぎ ×1/2
ムール貝 ×6個
パプリカ ×1個
ミニトマト ×3個
FILL
YOUR

FILL
YOUR

FILL

YOUR

FILL
YOUR
FILL
FILL

boots!

＼幸せコミコミ／
1000000
kcal

真鯛のパエリア

ゆうかとごはん

2021年7月21日　初版第一刷発行

Model　木下ゆうか
Photographer　小野寺廣信（Boulego）
Stylist　いまいゆうこ
Hair & Make　川畑春菜（earch）、双木昭夫（クララシステム）
Management　株式会社トリドリ

衣装協力
EYETHINK HIROB　03-5361-7004
OVERRIDE 神宮前店　03-6433-5535
タラントン by ダイアナ（ダイアナ 銀座本店）　03-3573-4005
Tokyo135°原宿店　03-3479-2767
HONEY MI HONEY　03-5774-2190
原宿シカゴ 原宿店　03-6427-5505
MIIA（恵山株式会社）　03-6826-8651
MAISON SPECIAL（MAISON SPECIAL AOYAMA）　03-6451-1660
RANDA　06-6451-1248
LAYMEE（グラムトーキョー）　03-3746-9950
ROYAL PARTY（恵山株式会社）　03-6826-8651
英路

撮影協力
でりかおんどる／HATTIFNATT 吉祥寺のおうち／ペパカフェ・フォレスト
BOTTEGA

MAP 掲載店
いせや／ウッドベリーズ／トニーズピザ／ナマステ カトマンズ／
モア／山本のハンバーグ／レモンドロップ／ペパカフェ・フォレスト／
ベイフローカフェ／HATTIFNATT 吉祥寺のおうち

料理協力
藤本真帆　（株）Noix

Transworld Japan Inc.
Produce　斉藤弘光
Designer　山根悠介
Sales　原田聖也

発行者　佐野 裕
発行所　トランスワールドジャパン株式会社
〒150-0001 東京都渋谷区神宮前 6-25-8
神宮前コーポラス
Tel：03-5778-8599　Fax：03-5778-8590

印刷・製本　株式会社グラフィック

ISBN 978-4-86256-316-3
2021 Printed in Japan